DK动物百科系列

两栖爬行动物

英国DK出版社　著

庆慈　译

乔轶伦　审译

科学普及出版社

·北京·

本书中文版由Dorling Kindersley Limited授权
科学普及出版社出版，未经出版社许可不得以任
何方式抄袭、复制或节录任何部分。
著作权合同登记号：01-2020-3807

版权所有　侵权必究

图书在版编目(CIP)数据

DK动物百科系列. 两栖爬行动物 ／ 英国DK出
版社著 ； 庆慈译. -- 北京 ： 科学普及出版社,
2020.10(2023.3重印)
　ISBN 978-7-110-10117-9

　Ⅰ. ①D… Ⅱ. ①英… ②庆… Ⅲ. ①动物—
少儿读物②爬行纲—少儿读物③两栖动物—少儿读
物 Ⅳ.①Q95-49

中国版本图书馆CIP数据核字(2020)第105998号

　　策划编辑　邓　文
　　责任编辑　郭　佳
　　封面设计　朱　颖
　　图书装帧　金彩恒通
　　责任校对　吕传新
　　责任印制　李晓霖

　　科学普及出版社出版
北京市海淀区中关村南大街16号　邮政编码：100081
　　电话：010-62173865　传真：010-62173081
　　http://www.cspbooks.com.cn
中国科学技术出版社有限公司发行部发行
　广东金宣发包装科技有限公司印刷
　　　　　　　　＊
开本：889毫米×1194毫米　1/16　印张：5　字数：120千字
　2020年10月第1版　2023年3月第7次印刷
　　ISBN　978-7-110-10117-9/Q・250
　印数：53001—63000 册　定价：58.00元

（凡购买本社图书，如有缺页、倒页、
　脱页者，本社发行部负责调换）

混合产品
纸张 |
支持负责任林业
FSC® C018179

For the curious
www.dk.com

**你能
看到我吗？**
这只头盔变色龙与周围
环境完美地融合在一起。
请到第17页寻找更多关于
伪装的技巧。

目录

矛头腹如何杀死猎物？ 在**第 39 页**介绍它的战术。

觅食

逃脱

哪种蜥蜴是吃虫子的？ 看看**第 46 页**。

为什么雄产婆蟾被称为事必躬亲的父亲？ 到**第 25 页**找答案吧！

怎样从鳄鱼的袭击中脱险？ 仔细阅读并记住**第 71 页**的提示。

棱皮龟能游多远？
去第 60~61 页跟着
它们游一程吧！

在第 30~31 页瞪眼看青蛙，
身上有像眼睛一样的斑点的青
蛙绝对会赢。

爬行动物怎样从周围环境中摄
取热量？到第 28 页瞧瞧吧！

滑行

到第 50~51 页玩蛇与梯子的游戏。要小
心，否则会滑进细鳞太攀蛇的口中。

青蛙什么时候蜕皮？答案
就在第 13 页。

两栖动物

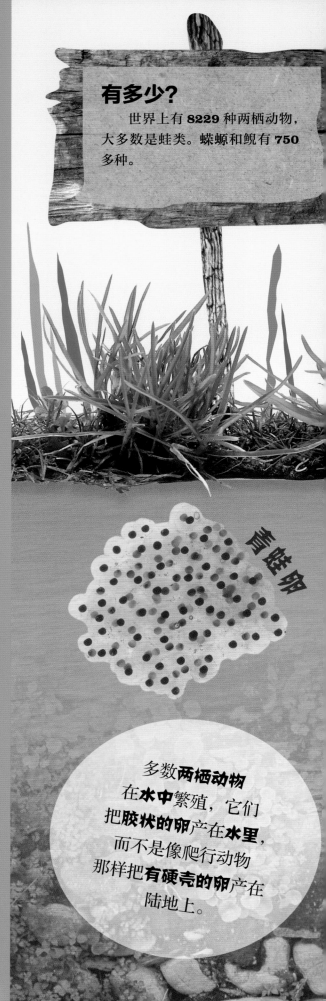

两栖动物是既能在水中生活，又能在陆地上生活的一类动物。青蛙、蟾蜍、蝾螈和鲵都是两栖动物。

爬行动物有干燥、有鳞的皮肤，但是两栖动物的皮肤柔软、湿润。大多数两栖动物可以通过皮肤呼吸，但前提是它们保持在湿润的状态。成年两栖动物也可以通过肺来呼吸。

有多少？

世界上有 8229 种两栖动物，大多数是蛙类。蝾螈和鲵有 750 多种。

青蛙卵

多数两栖动物在水中繁殖，它们把胶状的卵产在水里，而不是像爬行动物那样把有硬壳的卵产在陆地上。

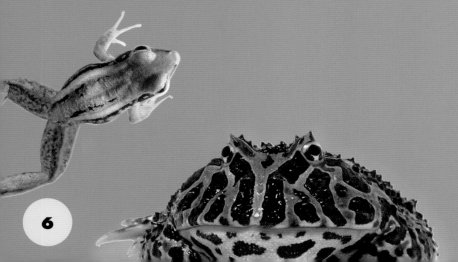

蟾蜍是蛙类吗?

我的皮肤既干燥又粗糙,看起来像长满了赘疣。人们总叫我癞蛤蟆,但是我真的属于蛙类。

我是一只树蛙

大部分蛙类生活在**河流或水池**附近。但是雨林的潮湿气候保证了树木总是十分**潮湿**,这样一些蛙类就可以一直生活在那里。它们被叫作**树蛙**,有着**又大又黏的脚趾**,帮助它们爬树。

大多数两栖动物的宝宝完全生活在**水里**,叫作**蝌蚪**。小时候它们**像鱼一样游泳**,并用**鳃呼吸**,然后慢慢长出腿爬上陆地,但是它们只能生活在潮湿的地方。

蝌 蚪

当**蝌蚪**刚从卵里孵出的时候,它生命中的第一个任务就是吃光它的卵的剩余部分,因为卵**含有丰富的营养**。蝌蚪变为成年两栖动物的过程被称为**变态**。

爬行动物

现在，地球上一共有 11341 种爬行动物，主要包括：鳄鱼、龟、蜥蜴和蛇。所有的爬行动物都是冷血的，因此它们的身体被厚厚的、干燥的、有角质和鳞片的皮肤包裹着，需要在阳光下温暖自己。有些爬行动物产卵，有些直接生出小宝宝。

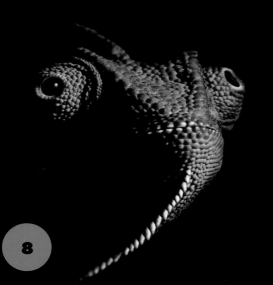

有多少？

蜥蜴是爬行动物中数量最多的（**7106 种**），然后是蛇（3848 种），接下来是龟类（360 种）。蚓蜥的种类相对较少（181 种），鳄鱼更少（26 种），最少的是楔齿蜥（只有 1 种）。

鲜艳的颜色

美洲鬣蜥和它们的亲戚是蜥蜴中颜色最鲜艳的，这只绿色的美洲鬣蜥颜色明亮，几乎没有花纹。

所有的爬行动物都有脊椎

明亮的线条

每一只马达加斯加残趾虎身上的红色条纹都不一样。

爬行动物的外形和大小有很大的区别。但是，与两栖动物光滑、湿润的皮肤不同，**所有的爬行动物**都有鳞片。虽然每种爬行动物的鳞片各不相同，但有鳞片却是定义爬行动物的一个**特征**。

长而无腿

蛇是没有腿的爬行动物。全世界都有它们的踪迹，但是它们并不适合生活在寒冷的地方。巨蟒，如右图中的这条，可以长到 3~4 米长。

沙子一样的颜色

像许多壁虎一样，这种砂岩壁虎的颜色能与周围环境融为一体。

楔齿蜥是**爬行动物**的一种，只能在新西兰找到。

9

里面是什么?

蛙类的**骨架比较简单**，骨骼的数量少于其他脊椎动物。它们往往有结实的身体和强有力的后肢。大多数蛙类眼睛突出，没有尾巴。来看看蛙类的皮肤下面是什么吧!

不同种类的蛙的生活方式不同，就会有不同的手和趾。攀爬类的蛙需要能抓得稳的指头。

头骨

蛙类往往有较宽的头颅和巨大的眼窝来容纳它们的大眼睛，它们的脊椎通常很短，并且没有肋骨。

手

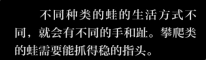

心腔

蛙类有发达的神经系统，由大脑、神经和脊髓组成。蛙类的心脏有 3 个心腔，而哺乳动物有 4 个心腔。

蛙类有着与人类似的大脑结构，小脑（脑顶部的区域）控制势和肌肉协调。

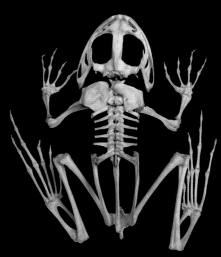

蛙类的骨骼结构能够帮助它们跳得很远。胫骨和腓骨融合成为一块强壮的骨头。

细长的脚踝骨

趾骨

蛙类的腿和脚也因不同的生活方式而有所区别，生活在水里的蛙类长着带蹼的脚，而且在水里待的时间越长，脚上的蹼就越发达。

令人难以置信的是，蛇脖子的长度竟然占据了其身体总长度的 1/3。同时，它们的**器官**也很长，一个接着一个地排列。心脏长在一个包囊里，但**不在固定的地方**，为的是在吞咽体形较大的猎物时避免受伤害。

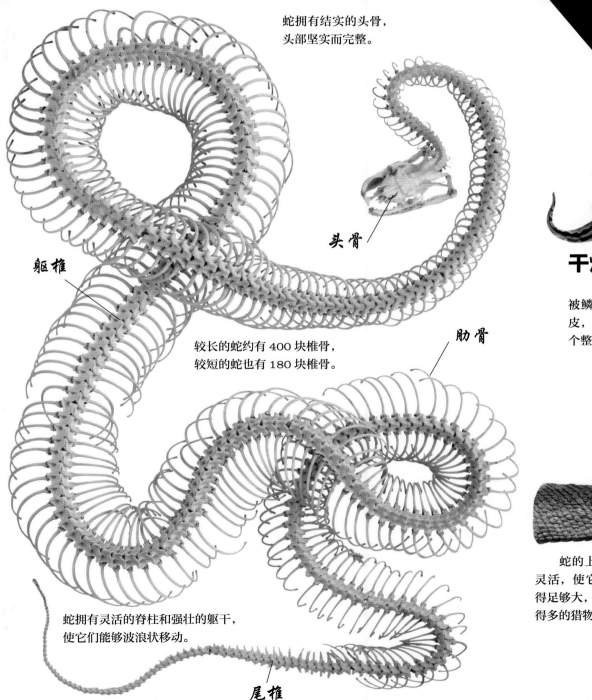

蛇拥有结实的头骨，头部坚实而完整。

头骨

躯椎

较长的蛇约有 400 块椎骨，较短的蛇也有 180 块椎骨。

肋骨

干燥的皮肤

蛇的皮肤干燥而光滑，被鳞片覆盖。它们会定期蜕皮，蜕皮时，皮肤会作为一个整体脱落。

蛇的上下颌十分灵活，使它们的嘴能够张得足够大，来吞下比它们的头大得多的猎物。

蛇拥有灵活的脊柱和强壮的躯干，使它们能够波浪状移动。

尾椎

超级皮肤

青蛙拥有十分**特殊的皮肤**。它们不只是**穿着它**，还通过它**喝水**和**呼吸**！

青蛙并不像我们人类那样喝水时需要吞咽，它们通过自己的皮肤吸收大部分身体所需的水分，同时也从捕食的猎物中摄取水分。它们的皮肤还被用来获取**更多氧气**（除了由口腔吸入肺部的氧气外）。青蛙的皮肤只有在潮湿的状态下才能呼吸，否则就将窒息而亡。有些青蛙**黏糊糊**的，那是因为它们的皮肤会分泌**黏液**来防止干燥。

超级皮肤

青蛙会定期蜕去最外层的皮肤细胞来保持其皮肤的健康，看起来**非常恶心**。蜕皮开始时，它们**扭曲、转动**身子，像是**打嗝**一样。这样做是为了把自己的身体从旧皮肤中拉扯出来。最后，它们就像脱毛衣一样将整个皮肤从头顶脱下来，然后（*这真的很恶心*）吃掉！**太恶心了！**

青蛙的生长周期

从蝌蚪宝宝到青蛙少年

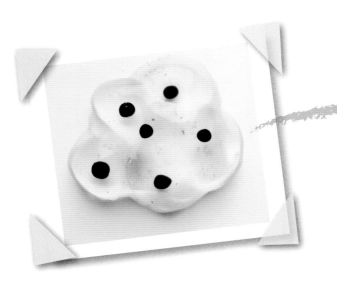

生命伊始

雌雄青蛙交配后，**雌青蛙会产出一团一团的**卵块或长带状的*卵带*。在受精 **6 天**以后，卵中就会孵出小蝌蚪。它们会把剩下的卵黄吸收来维持生命。

小蝌蚪

当**小蝌蚪**从卵里孵出来时，它们的嘴巴、尾巴还有外露的鳃都还没有发育完全。**7~10 天**后，它们就可以吸附在水草上**以藻类为食**。

完全成形

青蛙完整的生长周期为 **12~16 周**，时间的长短取决于青蛙的种类、食物的供给及其生活所在的水源。当青蛙完全成形后，又会开始交配，启动新的生命周期。

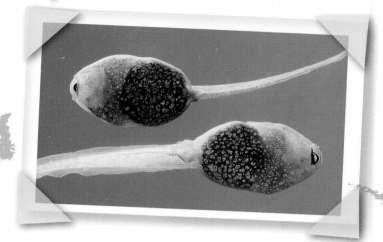

慢慢长大

在**第 4 周**的时候，外露的鳃就会身体上的皮肤包裹，最终消失而长出肺。蝌蚪有着微小的牙齿，帮它们咀嚼植物和藻类。

两个都有点像

在**第 6 周**到**第 9 周**的时候，蝌蚪就会长出细小的后肢。头部也发育得更加明显，前肢也开始慢慢萌芽。**9 周**以后，蝌蚪的样子看起来就更像青蛙了。

还差一点儿！

到了**第 12 周**，蝌蚪就只剩下一条小小的尾巴，变成了幼蛙。这时它们看起来就像是迷你版的成年青蛙。很快，它们就会离开水到陆地上生活了。

颜色 与 斑纹

两栖动物和爬行动物**色彩**丰富，光谱范围从明亮的红色和蓝色到暗沉的**绿色**和棕色都有。它们身上的花纹有**斑点状**的，也有**条纹状**的。

珊瑚蛇

斑纹具有欺骗性！

牛奶蛇有三色环状条纹，红色和黄色条纹较宽，黑色条纹较窄。它们并没有毒，但是看起来很吓人，因为它们的条纹和一种剧毒的银环蛇十分相似。

墨西哥奶蛇

火蝾螈

红眼树蛙

南方侏儒
变色龙

色彩伪装

两栖动物和爬行动物的图案和颜色能帮助它们与周围的环境融为一体，用以躲避捕食者。变色龙，像它们的名字一样，拥有惊人的改变外表的能力，它们既可以改变颜色，也可以改变斑纹。

环颈蜥

草莓箭毒蛙用鲜红的颜色来警告其他动物，它的皮肤能分泌剧毒的分泌物。

捉迷藏

太平洋树蛙极易隐藏于周围的环境中，它们根据季节的变化可以从灰色变成绿色，它们甚至可以根据背景的亮度来调节自己的斑纹及皮肤的明暗。

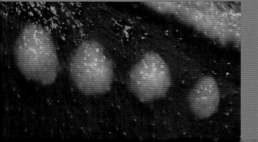
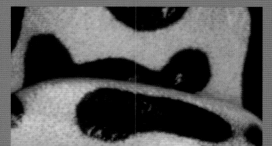
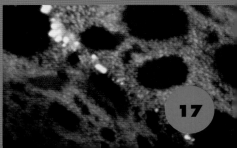

家，甜蜜的家

除了南极洲外，在各大洲都能找到两栖动物的踪迹。几乎所有的两栖动物都生活在潮湿的地方，比如小溪、河流、水池、湖泊及其他湿地。但是也有些两栖动物表现出了惊人的适应能力，生活在干旱、灰尘飞扬的沙漠。多数成年两栖动物生活在陆地上，但是基本上都要把卵产在水中。

沙漠生活

阿氏沙龟（学名：*Gopherus agassizii*）95% 的时间在地下度过，它们可以一年不喝水。

铲足蟾（学名：*Scaphiophus couchii*）因能用脚在松散的沙子上挖洞而得名，它们在干燥的季节生活在地下。

砂鱼蜥（学名：*Scincus scincus*）生活在非洲的撒哈拉沙漠，以能在沙子中"游泳"而出名。

植物为家

草莓箭毒蛙（学名：*Oophaga pumilio*）将卵产在树叶上，在卵孵化后才把它们搬到有水的地方。

巴西金蛙（学名：*Brachycephalus didactylus*）把家安在山地雨林中，主要生活在落叶之间，它们是地面居民，因为它们并不擅长跳跃和攀爬。雌巴西金蛙的卵会跳过蝌蚪的阶段，直接孵出小青蛙。

活在树上

红眼树蛙（学名：*Agalychnis callidrya*生活在美洲中部热带雨林的树顶，于出色的爬树技巧，它们也被称为"蛙"。

树洞蛙（学名：*Metaphrynell sundana*）是婆罗洲低地森林的居民。它们生活在树洞里，并利用洞来放大自己求偶的叫声，这种声在很远的地方也能听得到。

谁生活在干旱的地方？ 许多爬行动物生活在沙漠里，藏在洞穴里躲避高温。沙漠是你最不可能找到两栖动物的地方，但是也有极个别的两

谁住在这样的房子里？ 有的青蛙已经适应了生活在森林地面的腐烂枯叶中，还有些会巧妙地用树叶隐藏它们的卵直至卵孵化。

谁住在高高的树上？ 世界上的大部分青蛙都生活在热带雨林中，那里温度较高并且水量充足。

爬行动物也不在南极洲生活。与两栖动物不同，它们的皮肤密不透水。因此，它们不会很快就变干。有些爬行动物生活在沙漠那样炎热、干旱的地方，有些则生活在温暖的沼泽、河流或森林里，还有些甚至生活在海里，但是它们都会在陆地上产卵。

畅游**海洋**

尖吻海蛇（学名：*Pelamis platurus*）拥有所有蛇类中最长的肺来帮助它们控制浮力，以便长时间停留在水中（长达三个半小时）。

玳瑁（学名：*Eretmochelys imbricata*）用窄窄的喙觅食软体动物、海绵和其他动物。

在**湿地**中

非洲光滑爪蟾（学名：*Xenopus laevis*）生活在南非的池塘、湖泊和溪流里，它们生命中的大部分时间都是在水中度过的。

北方水蛇（学名：*Nerodia sipedon*）生活在溪流、湖泊、池塘及沼泽附近。它们都是游泳健将，每天在水边尽情地吞食蝌蚪群。

凉爽环境

美洲林蛙（学名：*Rana sylvatica*）靠冬眠在冰冻的环境中存活下来，它们会藏在岩石缝、树洞中，或是把自己埋在树叶里来度过寒冷的冬天。

蛇蜥（学名：*Anguis fragilis*）是一种没有脚的蜥蜴，会在树叶堆里或树木根部的空洞中冬眠。它们在每年10月入睡并在次年3月醒来，然后在初夏的时候开始繁殖。

谁生活在海里？两栖动物无法在海水里生活，因为它们的皮肤太薄，无法应对海水中的盐分。而爬行动物的皮肤很厚，其中一些种类还能调节血液中的盐分，所以它们能在海里生活。

谁喜欢生活在潮湿的地方？两栖动物往往是爬行动物的美食，因此两栖动物生活的地方往往也有爬行动物的身影。北方水蛇就生活在能抓到两栖动物的池塘周围。

谁会躲避严寒？许多两栖动物和爬行动物生活的地方都有寒冷的冬天，于是它们就用冬眠的方法保存能量来度过寒冬。

亚马孙角蛙

亚马孙角蛙的大胃口和坏脾气久负盛名，它可以长到小餐盘那么大。

目瞪口呆

亚马孙角蛙嘴巴的宽度比它身体的长度还要大，它可以吞下和它自己差不多大的猎物。

有耐心的捕食者

亚马孙角蛙是贪婪的肉食动物。它们把自己埋伏起来，静静地等待猎物靠近，然后突然张开嘴袭击猎物。它们从不挑食，通常以蚂蚁及其他昆虫为食，同时绝不会放过能吃掉比它们小的动物（比如老鼠）的机会。有时它们也会错误地估计猎物的大小而无法将其吞下。

小心你的脚！被惊扰的亚马孙角蛙为了自卫有时会攻击人类，它们往往会将一切靠近它们的东西视为食物而试图捕捉。

令人印象深刻的角

像它的名字一样，亚马孙角蛙的眼睛上方长着所有角蛙类中最大的肉质角。当它坐在森林的地面上等待猎物出现的时候，这对竖起来的"眉毛"能帮助它掩饰青蛙的形状。

亚马孙角蛙的特征

· 与其他蝌蚪不同，亚马孙角蛙的蝌蚪生来就是**捕食者**。从它们孵化之时起，它们就以其他青蛙的蝌蚪为食，甚至自相残杀。

· 雌蛙一次会产**1000**多枚卵，它们会将卵产在水生植物附近。

· 与雌蛙相比，雄蛙**体形略小**，它们求偶时发出像奶牛一样"哞哞"的声音。

这只角蛙体长20厘米。

鳄鱼如何
在水下呼吸 ?

　　鳄鱼可以藏在水里，只要它将鼻孔和眼睛露出水面，就可以一直呼吸和观察。它可以保持这样不动，直到猎物足够近时迅速抓住，再把猎物拉下水。然后，它会将鼻孔和喉咙后部的皮瓣关闭，从而屏住呼吸。这样一来，在它张开嘴咬住猎物时，水也不会涌进肺里。

咸水鳄
（学名：*Crocodylu-
porosus*）

龟
水栖龟类用肺呼吸，
佛罗里达鳖（右图）需要
将口吻伸出水面，往肺
中吸满氧气。一些龟能在水
下停留数周，靠极少的
氧气存活。

佛罗里达鳖
（学名：*Apalone
ferox*）

鳄鱼的眼睛有像透明的**盾牌**

蛙类

蛙类在水下时用皮肤来呼吸，它们的皮肤能从周围的水中吸取氧气。第 12~13 页有更多关于它们皮肤的介绍。

琉球蛙
（学名：*Rana sp.*）

海蛇

海蛇能在水下待长达 5 小时，它们有巨大的肺，能帮助它们储存足够的氧气。再次下水前，它们必须浮上水面来吸足氧气。

蓝灰扁尾海蛇
（学名：*Laticauda colubrina*）

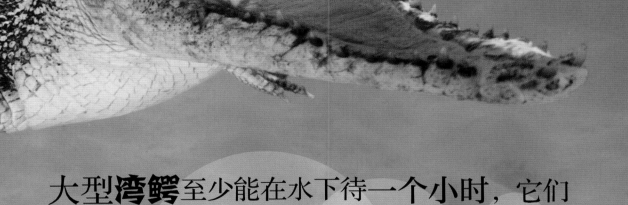

大型**湾鳄**至少能在水下待一个小时，它们可以将**心率**降低到每分钟 2~3 次。

一样的**防水膜**。

两栖动物和爬行动物通过**不同**的方式将它们的**新生儿**带到这个世界上。大部分两栖动物和爬行动物都是由**卵孵化**而来的。

两栖动物的卵

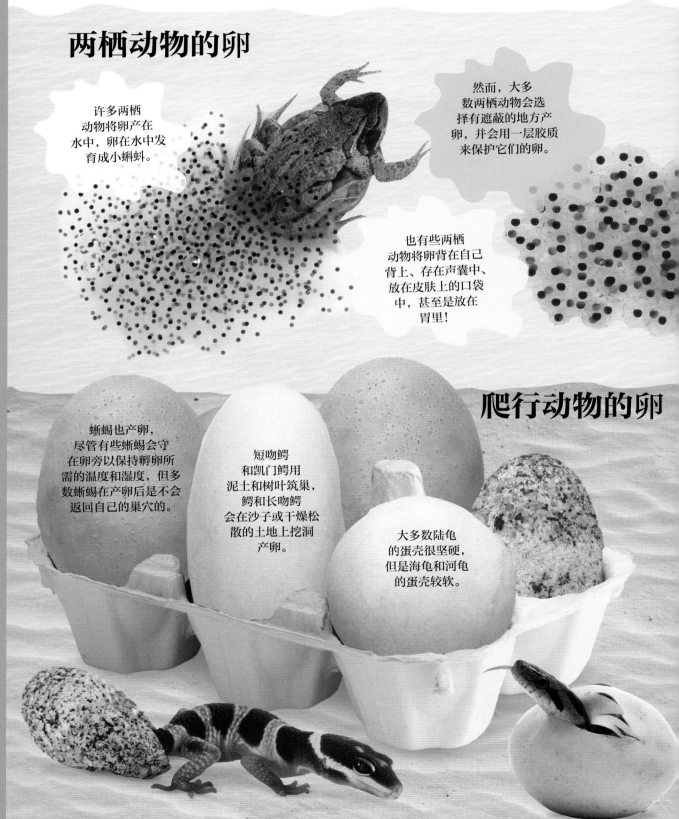

许多两栖动物将卵产在水中，卵在水中发育成小蝌蚪。

然而，大多数两栖动物会选择有遮蔽的地方产卵，并会用一层胶质来保护它们的卵。

也有些两栖动物将卵背在自己背上、存在声囊中、放在皮肤上的口袋中，甚至是放在胃里！

爬行动物的卵

蜥蜴也产卵，尽管有些蜥蜴会守在卵旁以保持孵卵所需的温度和湿度，但多数蜥蜴在产卵后是不会返回自己的巢穴的。

短吻鳄和凯门鳄用泥土和树叶筑巢，鳄和长吻鳄会在沙子或干燥松散的土地上挖洞产卵。

大多数陆龟的蛋壳很坚硬，但是海龟和河龟的蛋壳较软。

然而，有些青蛙、蛇及蜥蜴会**直接生出**它们的**宝宝**。
爬行动物和两栖动物的养育方式可以说是五花八门。

父亲的**身影**

有些种类的青蛙爸爸在养育
后代的过程中扮演着重要的
角色。雄性达尔文蛙就
负责照顾蛙卵，它们
把蝌蚪放在自己的
声囊中照料，直
到蝌蚪长成小
青蛙。

雄产婆蟾（右图）的
养育方式很有趣，它们在雌
蛙产卵后将卵背在自己的后腿
上！3周后，雄蛙会把那些卵
带到水中，卵会在水里孵
出小蝌蚪。

缺席的**父母**

大多数壁虎将卵产在树皮
或者岩石的缝隙里，但是它们绝不会
照看它们的后代，小壁虎从出生那一刻
起就必须学会照顾自己。海龟在所有爬行
动物中产卵量最多，但是它们也从不照看
自己的卵。海龟把卵产在沙子或泥土里，
当小海龟破壳而出时，它们就得靠自
己了，它们必须要在非常短的时
间里学会生存技巧！

凯门鳄和
短吻鳄出生后就一
直和妈妈待在一起，这些
幼小的爬行动物在出生后
的几周里都会受到妈妈
的保护，当危险来临
时，它们会躲在妈妈
的身体下面。

**是男宝
宝还是女
宝宝？**

鳄、海龟、陆
龟等的性别通
常取决于孵化
时的温度。

25

实际大小

从这么小 ·························· 到这么大！

巨蛙小时候也是**很小**的，它们的**蝌蚪**和普通青蛙的蝌蚪一样大。但是，和普通青蛙的蝌蚪不同，*巨蛙*的蝌蚪会**不停地长大**，直到像一只猫一样大。当它们伸开四肢的时候，它们的*长度*可以达到 1 米。

巨蛙
　　巨蛙是世界上最大的
无尾两栖动物（包括青蛙、
蟾蜍等）。

巨蛙
　　巨蛙（学名：*Conraua goliath*）生
活在非洲西部，在几内亚和喀麦隆某
些水流湍急的河道和瀑布附近能找到
它们的踪迹，是当地人很喜欢的美食。

有多小？
　　世界上最小的青蛙是巴布亚
新几内亚的阿马乌童蛙（学名：
Paedophryne amauensis），这种微小的
两栖动物全长只有 7 ~ 8 毫米，可以
很轻松地趴在你的一枚手指甲上。

最小的青蛙
　　阿马乌童蛙会直接生出发
育完全的青蛙幼体，跳过了蝌
蚪的阶段。

太阳的追逐者

尽管爬行动物晒完日光浴之后血液温度和我们差不多，但它们还是属于冷血动物。多数爬行动物生活在气候温暖的地方，因为它们需要从周围的环境中获取热量。

爬行动物会在太阳下晒日光浴，直到天气太热时，才会躲到阴凉处降温。

爬行动物也通过把自己的肚皮贴在温暖的岩石上来获取热量。

在气温不适合的时候，

生活在热带的爬行动物，在**夏天中午**的时候就会变得懒洋洋的，因为天气实在是太热了，热到它们无法移动。

这张图表显示了蜥蜴一天的活动情况，看看它们是怎样度过一天的。

空气温度

蜥蜴的体温

☐ 躲避寒冷

☐ 晒太阳取暖

☐ 正常活动

☐ 躲避炎热

活动模式

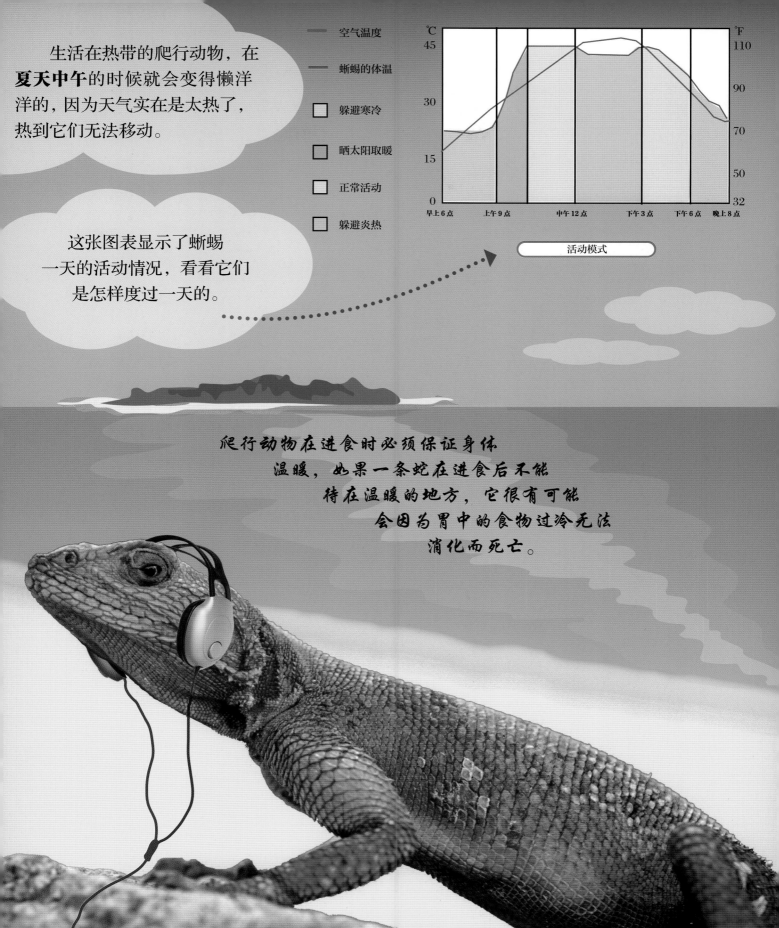

爬行动物在进食时必须保证身体温暖，如果一条蛇在进食后不能待在温暖的地方，它很有可能会因为胃中的食物过冷无法消化而死亡。

一些爬行动物就会休眠。

你能找出哪只眼睛是**假的吗?**

青蛙会运用它们身上的斑纹欺骗**捕食者**以保护自己。在下面的图片中，有一只青蛙长着**像眼睛**一样的斑纹，用来迷惑潜在的**攻击者**。你能找出是哪幅图片吗?

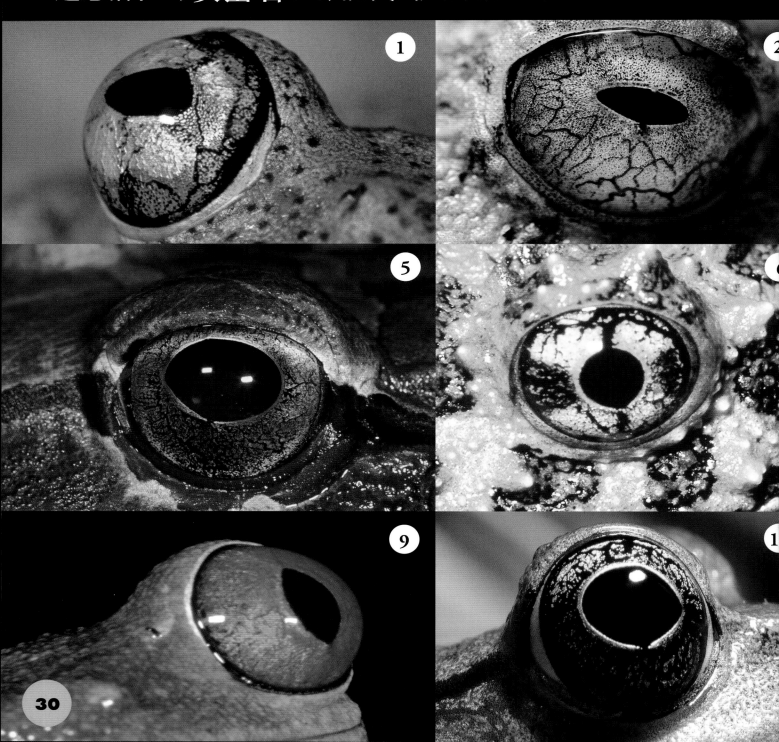

答案：7号图片中的眼睛是假的，其实它是一种在躯盖蟾背上的斑纹点。图片中猜蟾的名字依次是这些：1. 龙居牛眼蟾；2. 暴雨大头蟾；3. 保水蟾；4. 橙头黄蟾；5. 南美牛蟾；6. 长蟾蛙；7. 库亚巴蟾蜍；8. 长眉角蟾；9. 红眼树蛙；10. 青铜蛙；11. 美洲牛蛙；12. 圆瞳红眼都闪光的眼睛。

31

玻璃蛙

玻璃蛙通体透明，能完美地与周围环境融为一体。这种小青蛙趴在树叶上面，圆圆的指头看起来就像是树叶本身一样。它们生活在美洲的中部和南部。

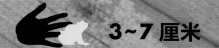 3~7 厘米

大多数玻璃蛙生活在热带雨林的树顶上，这种高度常年有云层覆盖，能保证玻璃蛙的皮肤湿润且处于良好的状态。它们产卵的时候才会从树顶上下来。

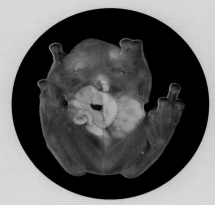

玻璃蛙从下方看会更透明，你甚至可以看到它的心脏在胸腔里不停地跳动。

玻璃蛙将卵产在悬挂于水流上方的树叶上，雄蛙像警卫一样保护自己的卵不被寄生蝇的卵侵害。

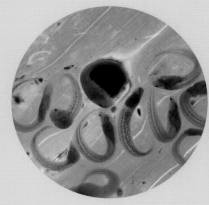

当小蝌蚪从卵中孵出来的时候，它们就会掉进水里，它们有强有力的尾巴，并且能够很好地适应森林地表的急流。

世界上只有一种已知的材料是壁虎不能粘在上面的,那就是特氟龙(就是那种制作不粘锅所用的闪亮的黑色塑料)。

奇特的脚

壁虎是蜥蜴中数量最多、颜色最丰富的一类,已知种类就有 2000 种。

有些壁虎的指头尖部长着可伸缩的爪子(它们可以按需求立刻被拉回)。

壁虎的指头上长有 50 万根刚毛!

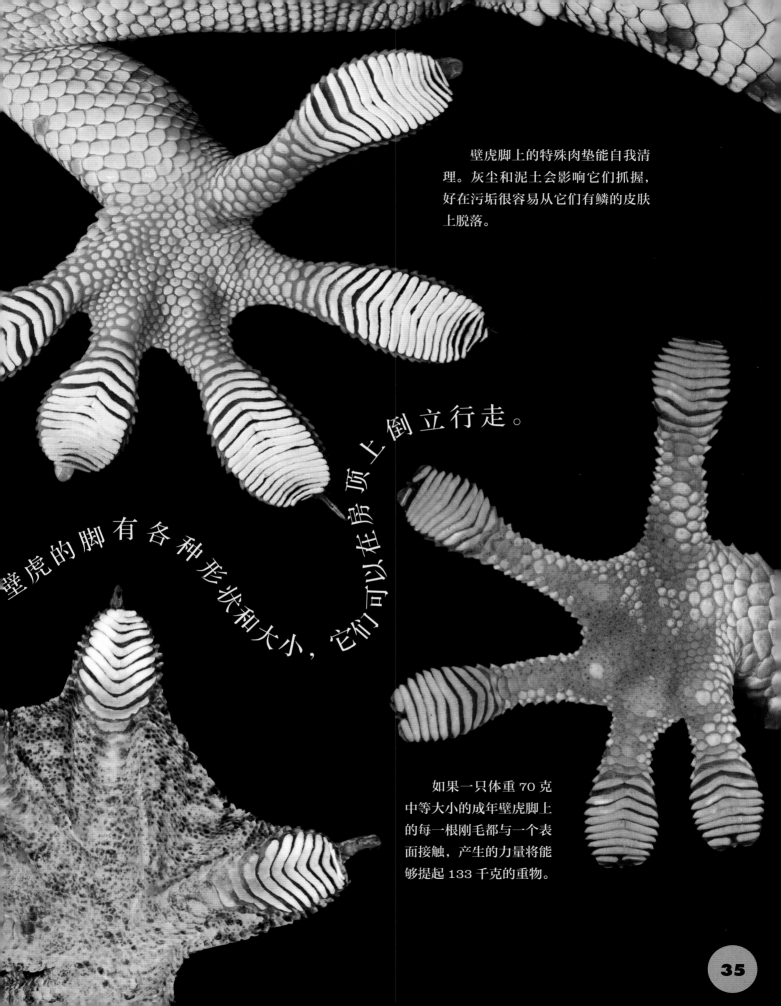

壁虎脚上的特殊肉垫能自我清理。灰尘和泥土会影响它们抓握,好在污垢很容易从它们有鳞的皮肤上脱落。

壁虎的脚有各种形状和大小,它们可以在房顶上倒立行走。

如果一只体重70克中等大小的成年壁虎脚上的每一根刚毛都与一个表面接触,产生的力量将能够提起133千克的重物。

储水蛙

它们**生活**在哪里？

储水蛙（学名：*Litoria platycephala*）生活在澳大利亚。它们在雨季的时候喝足水，体重会因此增加 50%！旱季时，为了防止水分流失，它们会为自己建造一个地下的家。地下的泥巴由于雨季留下的水分会保持湿润，这样储水蛙就会挖到地下 1 米的深度，待在那里开始夏季的休眠，等待下一个雨季的来临。当它们感到大雨降临的时候，便会醒来，重新爬回地面上来。

储水

储水蛙将水存在它的膀胱里和皮肤下。

活**水井**

当地人常常挖出储水蛙，挤压它们来提取饮用水，把它们当作活着的水井。

捕食时间

在地面上活动的时候，它们生活在水洼里，以其他青蛙、蝌蚪和小昆虫为食。

产卵

雌蛙一次能产 500 多枚卵，产卵后便开始休眠，以免受到干燥和炎热带来的伤害。

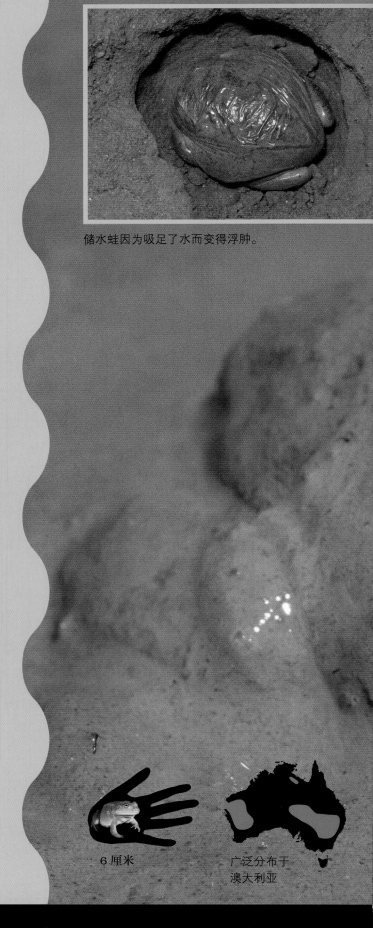

储水蛙因为吸足了水而变得浮肿。

6 厘米

广泛分布于澳大利亚

形容储水蛙"睡觉"的专业术语叫作"夏眠"。

之前……

正常的状态下，储水
生长 6 厘米。

之后……

当它们往自己体内注入
占体重一半的水后，身
长就会增加到 12 厘米。

在活跃的季节，它
们生活在池塘和溪
流中。

致命动物

大多数爬行动物和**两栖动物**都对人类完全无害，但是也有少数会造成**致命的咬伤**，甚至是碰一下它们**剧毒的皮肤**便会丧命。这里列出了世界上最致命的**冷血杀手**。

最致命的两栖动物

箭毒蛙

只要你触摸哥伦比亚金色箭毒蛙，就会被毒死。仅一只这样小小的青蛙所含有的毒素就可以导致 50 人瘫痪、死亡。箭毒蛙在吃了吃过有毒植物的蚂蚁后，皮肤就汇集了致命的化学毒素。美洲原住民会用它们的毒素制作有毒的吹管飞镖。

细鳞太攀蛇

澳大利亚的细鳞太攀蛇的毒液是全世界陆生蛇类中毒性最强的。一旦被它们咬到，毒液就会损害神经，并使血块凝结堵塞动脉。在解药被研制出之前，被细鳞太攀蛇咬到的人没有能活命的，幸运的是，细鳞太攀蛇生性害羞，很少咬人。

澳大利亚棕蛇

澳大利亚的东部（或本土）棕蛇（学名：*Pseudonaja textilis*）的毒液强度排在细鳞太攀蛇之后，是世界上第二毒的陆地蛇。它的噬咬是致命的，除非受害人能找到解药。它们的毒液含有烈性的神经毒素和化学物质，能令受害者肌肉瘫痪、血液凝结。

咸水鳄

生活在澳大利亚和亚洲部分地区的咸水鳄是地球上最大的爬行动物，雄性咸水鳄体重达一吨。它们通常会懒洋洋地晒太阳或在浅水中打滚，但是会以爆炸性的速度发动进攻。它们把猎物拖入水中打滚，撕碎猎物的身体。

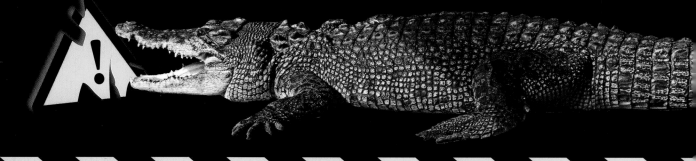

尼罗鳄

每年有相当多的当地人，在非洲尼罗鳄（学名：*Crocodylus niloticus*）的栖息地取水或洗涤时被它们夺去生命。它们只把眼睛露出水面，将身体藏在泥水中鬼鬼祟祟地靠近受害者。然后飞跃而出，用颌咬住受害者，将其拖入水中。

科莫多巨蜥

科莫多巨蜥（学名：*Varanus komodoensis*）是世界上最大的蜥蜴，重量与一个成年人相当，它们会袭击并吞食人类。它们杀死猎物的方式十分可怕：用细菌密布的肮脏牙齿咬伤猎物。猎物有可能逃跑，但是伤口会因为细菌感染而化脓、溃烂，导致死亡。

最致命的蜥蜴

东部菱斑响尾蛇

被这种北美最致命的蛇咬伤，会在几小时内毙命。东部菱斑响尾蛇（学名：*Crotalus adamanteus*）的毒素含有血毒素，会攻击受害者的血液，使身体组织大面积坏死，导致死亡或截肢。多亏了抗蛇毒血清，目前每年死于响尾蛇咬伤的人数屈指可数。

鼓腹蝰蛇

这种坏脾气的非洲毒蛇被称为鼓腹蝰蛇（学名：*Bitis arietans*），因为当它们接近猎物的时候，会使自己膨胀并发出"嘶嘶"声，然后把自己卷成"S"形准备进攻。靠得太近，它们便会弓步向前，将獠牙深深地插入受害者的皮肤，注射攻击血液的毒素。鼓腹蝰蛇（鼓腹咝蝰）造成的死亡人数比其他任何非洲的蛇类造成的死亡人数都多。

矛头腹

这种响尾蛇的亲属生活在南美洲，靠用空心的獠牙注射毒液的方式捕食老鼠和其他啮齿类动物。矛头腹（学名：*Bothrops atrox*）的毒液含有破坏血细胞和身体组织的酶类，导致呕吐、腹泻、麻痹及丧失意识。

黑曼巴蛇

被黑曼巴蛇（学名：*Dendroaspis polylepis*）咬到，如果没有抗蛇毒血清，不到一个小时就会毙命。毒液中的致命化学物质——眼镜蛇毒素会导致肌肉麻痹和心跳停止。死亡原因通常是窒息。

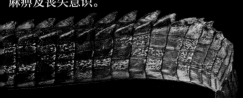

竹叶青

在蝰亚科的蛇中，感觉神经末梢附着在一层颊窝膜上，这层薄膜位于远颊窝内壁的地方。这使得末梢对红外辐射更敏感，因为它们能更快地感受到热。

第六感

　　蛇类，比如蟒蛇、蝰蛇，能够察觉它们周围空气温度的细微变化，因为它们的**面部**长有温度感应器官，叫作颊窝，可以通过环境中的红外线探测到温度变化。这种第六感使它们能够在**夜里**定位猎物。

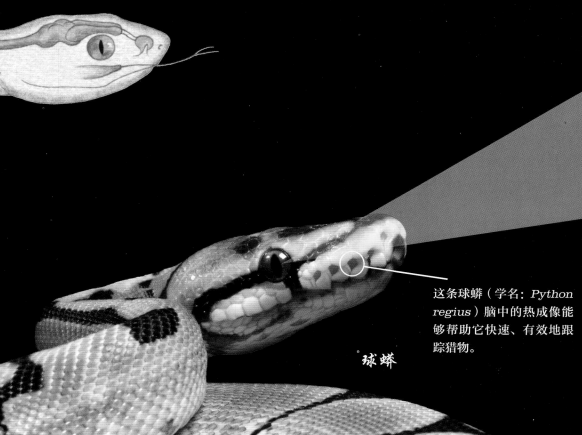

球蟒

这条球蟒（学名：*Python regius*）脑中的热成像能够帮助它快速、有效地跟踪猎物。

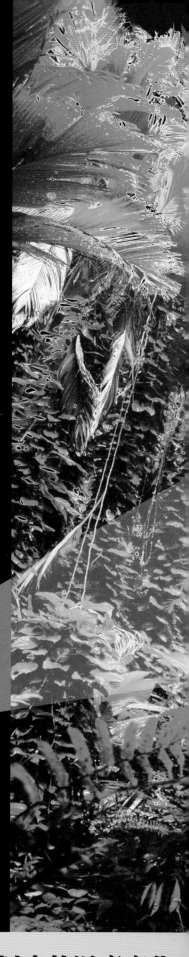

这个系统非常精确，蝰蛇可以感受到一摄氏度以内的温度变化。

五种感官

听觉

　　蛇没有外耳，它们的听力很差。因此，它们依靠感受由头骨的下颌传到耳朵里的地面振动来"听"。这条鼓腹蝰蛇（学名：*Bitis arietans*）正紧贴地面来感受任何有可能传来的振动。

视觉

　　尽管蛇善于发现运动的物体，但其实大多数蛇的视力都不好。绿瘦蛇（学名：*Ahaetulla nasuta*）是个例外，它们面向前方的眼睛为它们带来双眼视觉和良好的距离感。

味觉

　　锄鼻器使蛇能够拥有味觉和嗅觉。这个器官位于蛇嘴顶端，由两个敏感的凹洞组成。它们的舌头采集空气中的气味颗粒，由锄鼻器对其加以分析。生活在水里的蛇，比如绿森蚺（学名：*Eunectes murinus*），在水下也可以用舌头采集气味。

嗅觉

　　蛇会利用它们的嗅觉定位猎物。巨蚺（学名：*Boa constrictor*）通过猎物的气味痕迹来追寻它们的踪迹，在锄鼻器的帮助下，它们能够感觉到猎物是否就在附近。巨蚺会紧紧地缠绕猎物，将它们挤压致死。

触觉

　　从出生的那一刻起，蛇就依靠触觉作向导。它们用舌头和皮肤下面的压力感受器接触物体、移动及自我定位。印度蟒（学名：*Python molurus*）用舌头来探测周围环境。

壁虎的脚

没有谁的脚趾能跟壁虎的相比，这一点激发了人类的科学灵感。

壁虎是小型的蜥蜴，但它们却为人类带来**巨大的挑战**：**模仿**它们**无与伦比**的**爬墙**技术。它们的秘密武器是什么呢？是长长的脚趾和指头上**数十亿**的微小毛发（被称为刚毛），使壁虎能够牢牢地抓住接触面。

壁虎的脚不仅仅是拥有刚毛这么简单，它们的脚趾是可以向后翻的（人类就不行），每次它们都必须把自己的脚趾从物体表面上"剥"下来，就像尼龙搭扣一样，因此它们绝不会自己滑下来。

扇趾壁虎

扇趾壁虎的趾垫一分为二，这为它们带来比其他壁虎更强的抓力。

壁虎的脚上每平方毫米就有14000根刚毛，在它们攀爬的时候，每根刚毛上所具有的100到1000根不等的单纤维都会提供抓力。

科学模仿**自然**，就叫作**仿生学**。

爬墙机器蜥是一种机器人，它可以在像玻璃一样光滑的表面上爬行。它是怎么做到的呢？

爬墙机器蜥

壁虎的脚垫上有数百万根纤毛，可以通过静电吸附在物体上。爬墙机器蜥的脚上有成排的、坚硬却易弯曲的"壁虎胶带"。这种材料产生的黏合力使得机器蜥能够像壁虎一样爬上玻璃和书写板。

爬墙机器蜥使用了**12个发动机**去模仿1只动物。

永远长不大的

这只人工饲养的墨西哥钝口螈看上去像白化病患者，因为它们的皮肤没有任何色素。但由于它们的眼睛是含有色素的，因此被称为"轻度白化"。

野生墨西哥钝口螈通常为深色。

野生墨西哥钝口螈只能在墨西哥运河系统的霍奇米尔科湖中找到。由于邻近墨西哥城，这些运河已经受到了开发与污染的威胁。

墨西哥钝口螈的英文单词"axolotl"

墨西哥钝口螈

墨西哥钝口螈是动物界的彼得·潘*。它们不会像其他两栖动物那样经历变态的过程，而是一生都停留在幼年时期，长着鳃和鳍，生活在水中。墨西哥钝口螈会慢慢长大，直到能够再繁殖。

*彼得·潘：苏格兰小说家及剧作家詹姆斯·巴里的小说《彼得·潘：不会长大的男孩》中的人物，在小说中，彼得·潘拒绝从儿童长大为成年人。

野生墨西哥钝口螈的数量在不断减少，然而人工饲养墨西哥钝口螈的数量却不少。墨西哥钝口螈是深受人们喜爱的宠物，同时也因其神奇的生命周期和强大的再生能力（在幼体阶段时，它们的四肢断离后可以再生）而一直受到科学家的关注。如果给人工饲养的墨西哥钝口螈注射生长激素，它们就有可能变态登陆。它们成年的样子像极了它们的近亲——虎纹钝口螈。

在古阿兹特克语中是"水狗"的意思。

晚餐吃什么？

吉拉毒蜥将脂肪储存在又粗又短的尾巴里，几个月都不用进食。

从蜥蜴开始

多数蜥蜴靠吃昆虫为生（食虫动物），有的也有特殊食谱。一些大型蜥蜴是肉食动物，以鸟、啮齿动物和其他蜥蜴为食。还有少部分是吃草的（植食动物）。

大胃王

钝尾毒蜥（学名：*Heloderma suspectum*）一年只会进餐 5~10 次，但每次都吃掉相当于它体重一半重量的食物。它的食物主要是鸟蛋和其他爬行动物。

食虫动物

西奈鬣蜥（学名：*Pseudotrapelus sinaitus*）是一种细长的蜥蜴。它们有细长的四肢，使其能够在一天当中最热的时候在热沙上奔跑捕食。它吃蚂蚁和其他昆虫，还吃沙子！

植食动物

美洲鬣蜥（学名：*Iguana iguana*）是植食动物的一种，树叶、嫩芽、花、果实都是它们的食物。虽然有时它们会不小心吃下一些附在植物上的小虫子或无脊椎动物，但其实它们并不能很好地消化动物蛋白质。

"食人族"

美洲牛蛙（学名：*Rana catesbeiana*）是北美洲最大的青蛙，能长到 20 厘米长。这种贪婪的食客会吃掉能放进它们那张血盆大口中的一切东西，包括：昆虫及其他无脊椎动物、啮齿类动物、鸟类、蛇，甚至同类。

青蛙要吃会动的食物

大部分青蛙都是肉食动物。它们几乎都吃昆虫和其他无脊椎动物，比如蠕虫、蜘蛛、蜈蚣等。还有些体形较大的青蛙捕食较大的猎物，如老鼠、鸟类或其他青蛙。

胶质食物

棱皮龟（学名：*Dermochelys coriacea*）是世界上最大的海龟，靠吃海蜇和水母为生。因为海蜇和水母的主要成分是水，因此为了获得生长所需的足够能量和营养，它们就必须要吃掉大量的食物，有时甚至一天会吃下与自己体重相当的食物！

咬碎硬壳

赤蠵龟（学名：*Caretta caretta*）吃硬壳类动物：螃蟹、海螺、蛤蜊。它们的大头和强壮的下颌能帮它们粉碎贝壳，而且它们能在海底屏住呼吸长达 20 分钟。

水果爱好者

巴西树蛙（学名：*Xenohyla truncate*）是为数不多的一种植食青蛙。巴西树蛙居住在巴西沿海湿润的森林里，以颜色鲜艳的海芋属浆果和可可树的果实为食。它们的粪便起到了传播种子的作用。

海绵咀嚼者

玳瑁（学名：*Eretmochelys imbricata*）生活在海洋生物富饶的珊瑚礁附近。它们的猎物范围比较广，但是主要还是以一种原始的、像植物一样的动物——海绵为食。玳瑁有一张锐利、似鸟喙的嘴。这种嘴使它们能够更容易地吃到生长在岩石和珊瑚缝隙中的海绵。

"以毒养毒"

箭毒蛙运用它们皮肤上的毒素来防御潜在的猎食者，它们的毒素是从食物中获得的。**草莓箭毒蛙**（学名：*Oophaga pumilio*）身上的毒素由一种生活在中美洲和南美洲土壤中的螨虫中获得，它们也吃其他小型无脊椎动物。当它们吃下有毒的虫子时，毒素就在它们的身体中积聚，使它们自己的毒性更强。

47

活化石

中国大鲵（娃娃鱼）和日本大鲵是世界上最大的两栖动物。大多数鲵的大小跟你的手掌差不多，而大鲵却比你的胳膊还要长，有些甚至比你的身高还长。没有人知道野生大鲵的寿命有多长，但是最长寿的圈养大鲵活到了 52 岁。

大鲵在过去的 **3000 万年**几乎没有改变，因此**它们被称**

中国大鲵

（学名：*Andrias davidianus*）是世界上最大的两栖动物。圈养的大鲵可以长到 1.8 米，体格健壮，长着平坦的头和宽大的嘴。和它的表亲日本大鲵一样，它们完全生活在水中，它们那短短的腿无法在陆地上支撑自身的重量。

中国大鲵

大鲵身体下方的颜色较苍白。

中国大鲵的骨架

大鲵生活在溪岸和河堤的洞穴中，夜晚时在河底缓慢行走，摄食鱼类和甲壳类动物。它们会用自己长满牙齿的、宽大的嘴从侧面迅速地、有力地咬住猎物。

当大鲵被从水中捕获的时候，它们会分泌一种又臭又稠的黏液，使抓着的人很不舒服。

太臭了！

"活化石"。

日本大鲵

（学名：*Andrias japonicus*）是世界第二大的两栖动物，长 1.5 米。日本大鲵和中国大鲵都用皮肤呼吸，皮肤上的褶皱增加了皮肤的表面积，这样它们就可以吸入更多的氧气。它们喜欢生活在干净、湍急的溪流里，然而这两个物种的数量都因为污染和水坝建设而急剧减少。

日本大鲵

蛇和梯子

你觉得自己幸运吗？挑战一个朋友，来玩儿这个**蛇和梯子**的游戏，看看谁先到达终点。要小心，不要停在有**蛇**的地方——被它们咬到可是致命的。

准备工作：
* 找一个或多个朋友和你一起玩儿
* 每人一个用来计数的小物件
* 一个骰子

游戏规则：
每个人扔一次骰子，数字最大的人先走。
轮到你的时候，扔骰子，在右边的格子里走相应的步数，如果你到达梯子下面的一格，就可以爬上去；如果你到达蛇头部所在的格子里，就滑到蛇尾下面格子里；如果你扔出一个6，就可以再扔一次；第一个走到100的人就胜利了。
祝你好运！

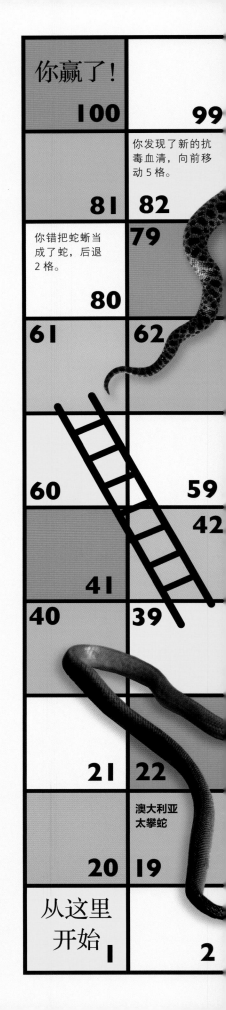

你赢了！
100 | 99
你发现了新的抗毒血清，向前移动5格。
81 | 82
你错把蛇蜥当成了蛇，后退2格。
79
80
61 | 62
60 | 59
42
41
40 | 39
21 | 22
澳大利亚太攀蛇
20 | 19
从这里开始
1 | 2

98	猪鼻蛇 97	96	95	94	93	被眼镜蛇的毒液喷到了眼睛，后退2格。 92	91

| 3 | 黑虎蛇 | | 87 | 棘蛇 | 89 | |

| | 84 | 85 | 86 | | 88 | 90 |

| | | 75 | | | 72 | |

| 78 | 77 | 76 | 74 | 73 | | 71 |

| | 66 | 67 | 68 | | 69 | 70 |

| 3 | 64 | 65 | | | | |

| | | | 剑吻海蛇 | | | |

| 8 | 57 | 56 | 55 | 54 | 53 | 52 | 51 |

| 南棘蛇 | | 47 | | | 你惹火了一条响尾蛇，后退1格。 | |

| | 44 | 45 | 46 | | 48 | 49 | 50 |

| | | | | 33 | | | |

| | 37 | 36 | 35 | 34 | 32 | 31 |

| 24 | | 27 | 28 | 细鳞太攀蛇 | 你与一条水蟒搏斗，你赢了，向前移动3格。 |

| 3 | 25 | 26 | 29 | 30 |

| | | | 13 | 12 |

| 8 | 17 | 16 | 15 | 14 | 11 |

| | | 你被一条大蟒蛇缠住了，后退3格。 | | |

| 3 | 4 | 5 | 6 | 7 | 8 | 9 | 10 |

角蜥

　　角蜥的外形像是一辆小型的装甲车，缓慢穿行于炙热的沙漠地带，偶尔停下来享受日光浴，挖挖洞穴，吃一顿蚂蚁大餐。它们已经进化出一系列对沙漠生活的适应性功能。

13~14 厘米

发现于墨西哥北部和美国西南部

血腥防御

角蜥用背部的刺来进行自我防御。而且它们还会摆出一副吓人的防御姿态。脆弱的血管网络使它们的眼睛能够向攻击者喷射血液，血腥味会让潜在的捕食者觉得很可怕。

露水饮料

由于生活在干旱的、沙漠环境中，角蜥通过进化能从周围环境中获得尽可能多的水。角蜥鳞片之间的微小沟槽会被露水湿润，聚集的露水会顺着鳞片流进它们的嘴里，让它们享受一顿清爽的晨露饮料。

体态优美

平坦、宽阔的身体是角蜥适应沙漠生活的另一个原因，这使得它们能够在罕见的沙漠阵雨时收集雨水。下雨时，角蜥翘起尾巴让雨水顺着鳞片的凹槽流进嘴里。它粗糙、斑驳的外表使它能够融入周围环境，躲避高空的猎食者。

黏性舌头

这种蚂蚁体内含有一种叫甲壳素的物质，角蜥无法吸收。因此，角蜥必须吃掉多得吓人的蚂蚁，来获得维持生命的营养。幸好它们有秘密武器——又长又黏的舌头，可以像鞭子一样伸出去收集大量的蚂蚁。

头上长角

角蜥因为它们头上的角而得名。这样的形状打破了蜥蜴头部的轮廓，使它们很难从沙漠的岩石中被分辨出来。它们的眉骨高高隆起，以防止眼睛被沙漠的烈日晒伤，厚厚的眼睑也可以避免进食时被蚂蚁蜇咬。

为什么这个女人要把人变成**石头**？

在希腊神话中，美杜莎是一个头上长满蛇的怪物。相传她曾经也是一位美丽的女子，但是因为在雅典神庙里私会海神波塞冬，而被女神雅典娜降罪变为怪兽。在有的传说里，她不仅满头长满咝咝作响的蛇，还龇着锋利的牙齿，更有长着绿色鳞片的皮肤。任何看到美杜莎真身的人都会瞬间被石化。美杜莎最终被宙斯的儿子珀尔修斯所灭。他是如何做到的呢？就是把自己的金属盔甲当作反光镜，而不看美杜莎的真身，从而轻而易举地将她斩首。

即使在美杜莎的头被砍下之后，她还是有能把看到她的人变成石头的魔力。珀尔修斯将美杜莎的头还给了女神雅典娜，雅典娜把它挂在自己的盾牌上，用来吓退敌人。

美杜莎的神话

因为激怒了天神，美杜莎被变成了满头长满蛇的妖怪。任何看到美杜莎草首的人都会吓得变成石头，但是美杜莎被宙斯的儿子珀尔修斯斩首。

珀尔修斯拿着
美杜莎的头

寻找皮瓣蛙

的的喀喀湖蛙是世界上最大的水栖青蛙。它们生活的的的喀喀湖在海平面 **3800** 米以上的地方，河水十分**冰冷**。

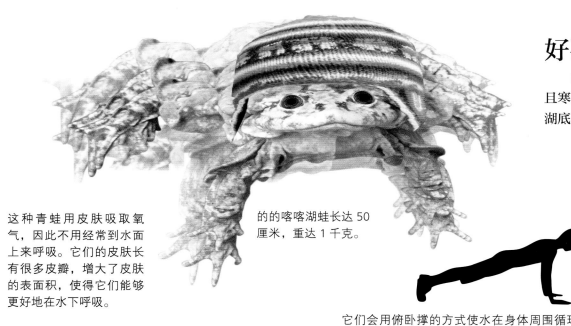

好冷啊！
的的喀喀湖所在的地方空气稀薄且寒冷，因此**的的喀喀湖蛙**总是待在湖底。湖水的温度从不超过 10℃。

这种青蛙用皮肤吸取氧气，因此不用经常到水面上来呼吸。它们的皮肤长有很多皮瓣，增大了皮肤的表面积，使得它们能够更好地在水下呼吸。

的的喀喀湖蛙长达 50 厘米，重达 1 千克。

它们会用俯卧撑的方式使水在身体周围循环，使得它们皱褶的皮肤充分地与富含氧气的水流接触。

的的喀喀湖坐落于玻利维亚和秘鲁的边界。

的的喀喀湖蛙将卵产在浅水中，

这种青蛙
为什么要做
运动?

每次产卵约 500 枚。

防御技巧

可怕的褶边

伞蜥（学名：*Chlamydosaurus kingii*）的脖子周围有一圈宽松的皱皮，平时呈普通皮肤的状态，像是肩膀上穿着一件披肩。一旦受到惊吓，伞蜥就会展开"披肩"并向前猛冲，吓唬袭击者，然后找机会逃跑。

尾巴的诡计

有些蜥蜴拥有惊人的逃生方式：舍弃自己的尾巴，让它们留在原地扭动，分散袭击者的注意力。石龙子、壁虎、蛇蜥都可以自断尾巴，有些尾巴会再长出来，但是总会比最初的那条短。

聪明的伪装

避免被吃掉的**最好方式**就是不被发现。短肢阿非蛙（学名：*Afrixalus stuhlmanni*）融入环境的方法十分单调——它们让自己看起来像一只降落的鸟。它大大方方地坐在树叶上，纹丝不动，就不会被注意到。

装死

许多捕食者不会吃已经死去的动物，因此装死是逃生的绝佳方法。有些蛇会演出戏剧性的死亡方式，它们不规律地扭动，咬自己，然后翻过去躺着不动。有时甚至还会从嘴里滴出血来。

接触中毒

一些青蛙会使接触它们的捕猎者中毒。当胡椒树蛙（学名：*Trachycephalus venulosus*）受到威胁时，它背部和颈部的腺体就开始释放一种白色的有毒分泌物。

发声警告

响尾蛇摇晃自己的尾巴发出"嚯嚯"的警告声来恐吓捕食者，这种声音来自响尾蛇尾部中空截面的互相碰撞。响环很容易折断，但是响尾蛇每次蜕皮之后，响环都会增加一部分。

喷射毒液

眼镜蛇会用喷射毒液的方式来威胁对方，莫桑比克喷毒眼镜蛇（学名：*Naja mossambica*）可以准确地射出它的毒液，这种喷射的习惯是一种本能，甚至小眼镜蛇从卵中孵化出来的那一刻起就可以开始喷射。

又大又恐怖

为了让捕食者相信自己的个头大到它们吃不下，棕短头蛙（学名：*Breviceps fuscus*）会使自己的身体膨胀到原来的两倍，这种迅速的体积增长也使得捕食者很难将它们从洞穴中挖出。

发出声音警告、伪装或**恐吓**对方来保全自己。

爬行动物和两栖动物会用各种各样的方式来**防御**敌人，它们**喷射**毒液、

旅行日记

棱皮龟喜欢从温暖的热带海洋游到温

旅行信息

棱皮龟是庞大的旅行家。一只棱皮龟能完成2万多千米如史诗般的旅程。它们要迁移如此遥远的距离是为了捕食足够的水母。

旅客介绍

棱皮龟（学名：*Dermochelys coriacea*）是海龟品种中体形最大的，同时也是地球上最大的爬行动物。一只成年棱皮龟的重量超过450千克。

大小：1.2~1.4米

出发时间

成年海龟的一生几乎都在海洋中畅游，它们远距离地漫游来寻找食物和伴侣。成年雌海龟会长途跋涉寻找产卵的海滩，大多数雌海龟会回到它们出生时的海滩产卵。专家还在研究海龟是如何找到回去的路的，他们相信海龟是利用地球的磁场、大海中的化学物质、它们自己的记忆力去寻找的。

内置泳衣

棱皮龟的外壳（被称为背甲）覆以革质的皮肤，它们拉丁文的名字就是这个意思。

生命中的海滩

当雌海龟找到一个可以产卵的海滩时，它们会用自己的后鳍在沙子上挖一个小洞，然后产下100多枚卵，最后用沙子埋起来。海龟通常在夜里筑巢，这样比较安全。

一旦小海龟成功地躲避开捕食者进入海洋，游泳狂欢就开始了。

棱皮龟
搜索

带和寒带的水域中。

斩的旅程

　　海龟卵需要在沙子下面孵化两个月。刚孵化出来的小海龟需要数天
的时间从沙子里面爬出来。小海龟通常在夜里钻出沙地，长途跋涉穿越
沙滩，爬向浪花不断拍打着的海岸。这段时间对小海龟来说十分危险，
它们很有可能成为海鸟、螃蟹等捕食者的美餐。大约 90% 的小海龟没
有机会长到成年。

去哪儿呢？
　　小海龟用它们的鳍爬向大海，
专家相信它们能利用大海的反光
（即使是在夜里）和沙滩的倾斜角
度来找到大海的正确方向。

海龟的种类

● 玳瑁

● 绿海龟

● 赤蠵龟

● 丽龟

● 肯氏龟

● 平背龟

它们需要不停地划水至少 48 小时。

消失 与 发现

寻找

人们从 1981 年以后就再也没有在野外看到胃育溪蟾（学名：*Rheobatrachus silus*）了。交配以后，雌蛙会吞下自己的卵，并暂停消化系统活动，使后代可以发育生长。6~7 周以后，雌蛙会将发育完全的幼蛙吐出。

寻找

金蟾蜍（学名：*Incilius periglenes*）是气温上升、不稳定降雨等气候变化的牺牲品。繁殖地的减少意味着个体密度的增加，导致病菌迅速传播。

寻找

达尔文蛙（学名：*Rhinoderma darwinii*）拥有奇特的鼻子。雄蛙用声囊来存放蝌蚪，直到它们发育成小青蛙。干旱和采伐森林破坏了它们的栖息地，导致它们的数量减少。

寻找

胡拉油彩蛙（学名：*Latonia nigriventer*）于 1955 年消失，但在 2011 年被重新发现。它生活在以色列的胡拉保护区。当人们排干保护区湖中的水，试图控制疟疾时，一度造成了这种蛙类的灭绝。

某些两栖动物和爬行动物数量减少或完全消失了。然而，每年也有**新的物种**被**发现**。虽然它们不能取代已经消失的物种，但它们却为科学家带来了新的希望。

新发现

2009 年，一项调查发现，**200** 个新种蛙类生活在马达加斯加群岛。这样的数据是令人兴奋的，因为它给科学家带来了**发现其他新物种的希望**。地球总能给我们带来惊喜——科学家总是愿意探索偏远的地方去找寻新的物种，即使新物种会不时地在已经搜寻过的地方出现。

有时，某些物种对科学家来说是新品种，然而当地人却已经知道很久了。碧塔塔瓦巨蜥（学名：*Varanus bitatawa*）是 2010 年一位科学家在菲律宾的田野里发现的。当时，它们已经被当地人狩猎多年了。科学家会错过它们是因为它们很少从树上下来。

在 2008 年的一次探险中，科学家在印度尼西亚的福贾山脉发现了这种小型青蛙，它有匹诺曹一样的长鼻子，雄蛙的鼻子在它发出叫声的时候还会膨胀。发现它的时候，它正坐在科学家营地的米袋上，当时科学家还以为它是 150 种澳大利亚树蛙中的一种。

它是一只
鸟
还是一架飞机？

黑掌树蛙（学名：*Rhacophorus nigropalmatus*）也叫作降落伞蛙，是少数空中两栖动物的一种。它脚趾中间的薄膜和身体两边宽松的皮肤使它能在空中滑翔，虽然它并不是真的在飞。

发现于东南亚

10 厘米

18~20 厘米

发现于东南亚

我是夜行动物，所以白天的时候我总是待着不动。我带有树皮状花纹的灰色皮肤能使我很完美地与树融为一体。伪装的本领使我不容易被发现。

我是库尔飞行壁虎（学名：*Ptychozoon kuhli*），我喜欢从树上往下跳！我强壮的、有蹼的脚帮助我在空中滑翔，我身体两边的皮瓣和扁平的、有褶边的尾巴也能帮助我安全降落。

库尔飞行壁虎是一种生活在热带森林里的爬行动物，它是几种遇到危险时能在森林中"飞行"、在树与树之间跳跃的蜥蜴之一。

当我在树上休息的时候，通常把头对着地面，这样我便能够在需要的时候迅速起飞。我时刻准备着起跳和滑翔。

不要往上看 ✈

热带雨林中的**天堂金花蛇**具有在树与树之间滑翔的能力。它们把自己悬挂在树枝上，决定好方向，然后把身体从树上推离，**吸着肚子**、张开肋骨，使自己比平时扁平两倍。它们以**横向波动**（以波浪动作向前推动）在空气中滑翔，与地面的方向保持一致以确保安全着陆。它们的滑翔距离长达 100 米。天堂金花蛇被认为是**最擅长飞行**的蛇。

小心那种蛇。它会飞！

天堂金花蛇长 **0.9** 米，身体苗条，尾巴细长。

它是白昼**猎人**，靠**捕食**蜥蜴、青蛙、蝙蝠及鸟类为生。它的**毒液**对人类来说是没有危险的。

青蛙腿给科学带来了怎样的冲击？

1771 年，路易吉·伽伐尼教授在实验桌上偶然的发现，最终导致了电池的发明——没有它，我们今天的生活将会非常困难。**那么，两栖动物一次小小的跳跃是如何为科学带来巨大飞跃的呢？**

在进一步的试验中，伽伐尼使青蛙腿从桌子的一边跳到了另一边。

路易吉·伽伐尼是意大利博洛尼亚大学的生物学家。他用青蛙腿和静电做实验，当他的手术刀触及拉着青蛙腿的黄铜钩时，突然，青蛙腿抽搐了！

伏特将伽伐尼的这项发现称为电流。

路易吉·伽伐尼

一个令人震惊的发现

在伽伐尼的意外发现发生后不久，这种"意外"又发生了。在一个单独的试验中，在伽伐尼的助手用手术刀触碰青蛙的坐骨神经时，储存罐里出现了静电火花。伽伐尼写道："突然，四肢的肌肉猛烈地收缩，看上去像是陷入了强直性惊厥。"

跳出结论

伽伐尼发现是电让青蛙的腿抽搐，但是电是从哪里来的呢？他错误地认为青蛙的体液是电力的来源，他称之为"动物电"。

科学界真是该好好感谢伽伐尼，他的贡献包括发现了生物电（存在于生物神经系统的电），还有通过"镀锌"（或称为涂层）来保护金属。

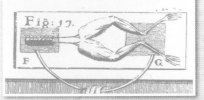

一件事会引发另一件事

伽伐尼于 1791 年将自己的研究成果公之于众。科学家亚历山德罗·伏特伯爵坚持认为伽伐尼的理论是错误的。他在经过反复的试验之后，发现电并不是来自青蛙。但是，青蛙腿部湿润的皮肤组织使得电可以流过固定着青蛙腿的金属工具。这让伏特产生了一个想法：一堆铜片和锌片加上一层层湿卡片叠在一起不但可以导电，还可以把电储存起来。这种"伏打电堆"就是最初的电池。

如今，这个科学领域就是电生理学。

如何"鳄"口脱险

鳄鱼的颌如此之**强壮**，能在闭合的时候

1. 做好研究并保持警惕

仅在指定的水域游泳。鳄鱼喜欢在浑浊的水中或是在夜里狩猎，因此最好避开它们有可能出没的时间和地点。鳄鱼通常只会把眼睛和鼻孔露出水面，所以你很难发现它们。

2. 保持距离！

你必须要注意，不要距离鳄鱼太近。4.5 米通常是安全距离。

3. 想抓我，试试看！

普通的成年人在陆地上就能跑得比鳄鱼快，在陆地上，鳄鱼最快能跑 17 千米 / 时。

4. 别吓它们！

如果你乘船过河，最好避开河堤。鳄鱼喜欢趴在河滩上晒太阳，如果你惊扰了它们，它们就会本能地反击。如果你发现了鳄鱼，可以通过用桨划水或吹口哨的方式来告诉它们你的存在。

5. 尽早寻找救援

如果鳄鱼受到惊吓或者为了保护幼崽，它们会迅速向对手发动攻击。虽然它们极有可能咬住受害者不松口，但是如果你一旦有机会逃跑就必须尽快寻找医疗救援。

将猎物的**骨头粉碎**。

与两栖动物和爬行动物有关的工作

动物饲养员

动物饲养员的工作是负责照顾动物园或野生动物园中的动物。两栖动物和爬行动物饲养员都必须是爬行动物专家，必须知道它们在野外的生活方式、它们吃什么、它们需要多少运动、它们适应的温度和亮度。

动物保育员

爬行动物和两栖动物都是迷人的动物，很多人都想把它们当作宠物来饲养。从野外捕捉野生动物会对野生种群造成破坏，因此出现了专业的保育员为宠物交易市场提供人工饲养的青蛙、蛇和蜥蜴。

摄影师

优秀的动物摄影师必须要走遍世界各地，并对他们的拍摄对象了如指掌，才能追踪它们从而获得完美的照片。

你想成为什么?

研究**动物的学科**称为动物学。两栖爬行动物学是**动物学**的一个分支,专门研究两栖动物和爬行动物。两栖爬行动物学家是**两栖动物和爬行动物**方面的专家。

兽医

一些兽医经过专门的训练来处理爬行动物和两栖动物的健康问题。他们十分了解此类动物的健康情况和生活方式,并且知道如何照顾野生和圈养的动物。照顾大型爬行动物可是非常危险的职业,被一只短吻鳄咬伤可比被狗咬伤要严重得多。

捕蛇人

如果受到蛇的骚扰,你会找谁帮忙呢?专业或志愿捕蛇人能帮你从家中或是将有可能接触到人的蛇清理走,包括可能逃脱的宠物蛇,或者为了躲避夏日阳光而出现在本不该出现的地方的蛇。

生物医学**研究员**

一些种类的两栖动物和爬行动物会产生有毒物质。生物医学研究员专门研究这些化学物质,试图让它们为人类所用。已经有 200 多种从两栖动物和爬行动物身上提取的化学物质被用在了人类的药品中。

蜥蜴
如何在水上行走❓

双冠蜥因有一身水上漂的功夫而被称为"耶稣基督的神蜥"。强有力的后腿弹跳力加上脚趾之间巨大的蹼，就足以让它们**奇迹般**地在水上如履平地了。

> 这种外形**奇异**的蜥蜴在希腊神话中也有记载，人们认为它们是猛蛇、公鸡、雄狮的混合体，能够秒杀任何对手。它们的头、脊背及尾巴上的冠子，为它们赢得了一个希腊名字——"小国王"。

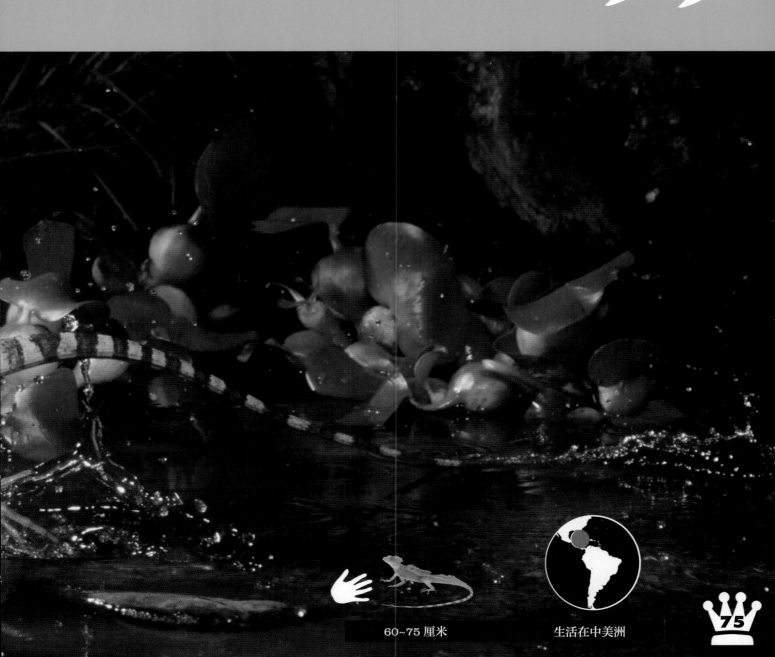

60~75 厘米

生活在中美洲

两栖爬行动物之最

毒性最强

哥伦比亚金色箭毒蛙（学名：*Phyllobates terribilis*）是世界上毒性最强的青蛙，同时也是毒性最强的脊椎动物。它的毒素足以毒死20个人或2万只老鼠。

最大的蛇

亚洲网纹蟒（学名：*Python reticulates*）全长可达9.6米。绿森蚺是最重的蛇，重达227千克。

最小的爬行动物

这个头衔由两种长度同样为1.6厘米的壁虎共同获得：维尔京戈达小壁虎（学名：*Sphaerodactylus parthenopion*）和侏儒壁虎（学名：*Sphaerodactylus ariasae*）。

最长的毒牙

加蓬蝰蛇（学名：*Bitis gabonica*）是生活在非洲撒哈拉以南的一种毒蛇。这种蛇最长能长到2米，拥有5厘米的巨大牙齿。

速度最快

黑栉尾蜥（学名：*Ctenosaura similis*）全速能达到35千米/时，是世界上跑得最快的爬行动物。爬行速度最快的蛇是黑曼巴蛇，速度能达到19千米/时。

眼睛最多

楔齿蜴和许多其他种类的蜥蜴有三只眼睛。第三只眼睛由光敏感细胞构成，长在头顶的皮肤下面，只能探测光的明暗程度，而不能看出物体的形状。

喷射纪录

喷毒眼镜蛇拥有结构特殊的毒牙，毒牙中间的小洞使得毒液被高压喷射而出。莫桑比克喷毒眼镜蛇喷射毒液的距离可以达到2~3米。

一次性产卵最多

玳瑁一次可以产200多枚卵。在每年7月到10月海龟产卵的季节，雌海龟一般会筑3~5个巢，然后在每个巢穴中分别产一窝卵。

最奇怪的生命周期

这个头衔的最有力竞争者无疑是拉波德变色龙（学名：*Furcifer labordi*），这种爬行物一生的大多数时间（7个月）都是一只受着沙漠的干旱。它在孵化以后只能存活短的时间（几个月）。

叫声最大

波多黎各雨蛙（学名: *Eleutherodactylus coqui*）是波多黎各的小型树蛙，长度只有 4 厘米。相对于这么小的个头，它们实在是太吵了，它们标志性的"呱呱"声高达 100 分贝。

牙齿最多

美洲短吻鳄的嘴里有 70~80 颗牙齿，全部又长又尖。它们的牙齿会逐渐脱落，但是很快又会重新长出来。一只短吻鳄一生会长 2000~3000 颗牙齿。

最长寿

一只叫作强纳森的塞舌尔象龟被认为是最长寿的脊椎动物。历史学家认为它现在至少有 178 岁了。

嗅觉最好

科莫多巨蜥很喜欢吃腐肉。它们舌头上的化学探测器可以帮它们追踪到 10 千米以外的死尸。科莫多巨蜥也是世界上最大的蜥蜴。

跳得最远

大多数青蛙都可以跳出比自己身长远 10 倍的距离，有些种类的青蛙可以跳出自己身长 50 倍的距离。世界上最大的青蛙——巨蛙能跳 3 米远。

舌头最长

变色龙拥有和自己身体一样长甚至超过身体长度的舌头。它们可以在不到一秒的时间"射"出舌头，用像棒子一样的舌尖上的黏性唾液捕捉昆虫。

最无法下咽

这个称号必须授予犰狳环尾蜥（学名：*Cordylus cataphractus*）。这种蜥蜴全身被厚重的、装甲一样的鳞片覆盖，它们可以把自己蜷成一个球形，使潜在的捕食者对它们完全失去兴趣。

最大的爬行动物

湾鳄（学名：*Crocodylus porosus*）是世界上最大的爬行动物，可以长到 7 米长。它不仅是最长的，也是最重的，体重能超过 1 吨。

最毒的蛇

细鳞太攀蛇（学名：*Oxyuranus microlepidotus*）是世界上最毒的蛇类，它的一滴毒液就可以毒死 100 个人。

术语表

斑纹 动物皮肤或皮毛上的色块。

抱蛋 保持蛋的温度以保证其正常发育。

变态 动物在生命周期中身体的重大变化，比如蝌蚪变成青蛙。

濒危物种 有灭绝（在地球上不复存在）危险的物种。

捕蛇人 熟悉并非常了解蛇的人。

捕食者 杀死或者吃掉其他动物的动物。

第六感 五种感觉是听觉、触觉、嗅觉、视觉和味觉。第六感指以上五种感觉之外的感觉。

电生理学 研究生命组织和细胞电属性的学科。

冬眠 进入长期深睡状态。

动物保育员 管理饲养动物，并负责照顾刚出生的小动物，直到它们找到新家的人员。

毒素 有毒的物质。

鳄目动物 爬行动物中的一个类别，包括鳄鱼、短吻鳄、凯门鳄等。

仿生学 模仿自然的科学。

孵化 新生动物从蛋或卵中破壳而出。

恒温动物 能够自己控制体温的动物。

横向波动 波浪状的肢体动作，使动物（比如蛇）移动。

昏迷 深度无意识状态。

脊椎动物 有脊椎的动物。

交配 生物的生殖细胞进行交换，导致受精和繁殖的活动。

解毒剂 抵消毒素影响的补救药品。

进化 生物性状缓慢地改变。

静电 与移动的电流相反，是静止不动的电荷。

抗毒血清 治疗蛇、蜘蛛、昆虫毒素的药物。

冷血动物 体温由外界环境来决定的动物。

猎物 被其他动物捕食、杀死、吃掉的动物。

鳞片 爬行动物身上用来保护皮肤的、重叠生长的小薄片。

灭绝 指一种生物的数量减少至完全从地球上消失。

鳍 鱼类或哺乳动物身上凸出的薄片状结构，帮助它们在水中游动。

圈养 动物被限制活动范围，由人照顾。

热带 地球赤道附近。

肉食动物 以肉为食的动物。

鳃 用来在水下呼吸的器官。

晒太阳 躺在太阳底下休息。

上升气流 向上移动的温暖的气流。

神经系统 动物体内的神经细胞网络。

生命周期 物种每代重复的一生中的一系列变化。

食虫动物 以昆虫为食的动物。

适应 通过改变自己来习惯新环境或新用途。

受精 雌性与雄性细胞结合产生新的生命。

兽医 专门为动物看病的医生。

饲养员 负责照顾动物园或野生动物园中的动物的人员。

水生动物 生活在水中的生物。

透明 光可以从这个物体本身穿过。

无脊椎动物 没有脊椎的动物。

物种 可以交配并繁衍后代的个体。

夏蛰 动物休眠的一种，也称夏眠。

眼点 长在动物皮肤上的像眼睛一样的花纹，用来欺骗捕食者。

蚓蜥 外表似蠕虫的无脚蜥蜴，生活在热带地区。

椎骨 构成脊椎的骨头。

植食动物 以植物为食的动物。

致　谢

The publisher would like to thank the following for their kind permission to reproduce their photographs:

(Key: a-above; b-below/bottom; c-centre; f-far; l-left; r-right; t-top)

Alamy Images: 19th era 2 62br; Heather Angel/Natural Visions 48br, 49tl; Steffen Binke 19clb, 61cra, 76cb; blickwinkel/McPhoto/PUM 28b; Rick & Nora Bowers 53br; Bernard Castelein/Nature Picture Library 5cr, 16tc, 16br, 29b; Stephen Dalton/Photoshot Holdings Ltd 17tc, 64cr; E.R. Degginger 50br; Jason Edwards/National Geographic Image Collection 19cla; Richard Ellis 3fcra (turtle), 47cra (turtle); Emily Françoise 4cl, 47cla (turtle); Eddie Gerald 46c (sinai agama); Alex Haas/Image Quest Marine 18cl; David Hancock 73cra; imageBROKER / Mara Brandl 18cla; Tom Joslyn 62 (background), 63 (background); Thomas Kitchin & Victoria Hurst/First Light 19cra; MaRoDee Photography 18c (frame); MichaelGrantWildlife 41ftr; Michael Patrick O'Neill 41fcr; PirateNationPhotography 77tc; Mihir Sule/ephotocorp 40t; Stuart Thomson 4tl, 39bl; Kymri Wilt/Danita Delimont 56fbl, 57fbr; Todd Winner 70-71. **Ardea:** Ken Lucas 48b; Pat Morris 49b. **Biomimetics and Dexterous Manipulation Lab Center for Design Research, Stanford (BDML):** 43, 43cra. **CGTextures.com:** 46c (leaves), 46cr (leaves), 46-47t (background), 58-59; Richard 46bl, 46-47c, 47bl, 47fcrb; César Vonc 46cla, 46bc, 47tr, 62cl (paper), 62cr (paper), 62bl (paper), 62br (paper), 63c. **Corbis:** Bryan Allen 60-61; Bettmann 55c, 68cr (background); Milena Boniek/PhotoAlto 29clb; Alessandro Della Bella/EPA 27fbr, 76tr (finger); Reinhard Dirscherl/Visuals Unlimited 22-23; DLILLC 42fbl; DLILLC/PunchStock 18cra; Macduff Everton 55 (mosaic); Michael & Patricia Fogden 51fclb; Jack Goldfarb/Design Pics 16tl, 16crb, 17tl, 17c; Clem Haagner/Gallo Images 61bl; Mauricio Handler/National Geographic Society 77br (sea snake); Chris Hellier 76br (chameleon); HO/Reuters 63clb; Wolfgang Kaehler 77tr (tortoise); Jan-Peter Kasper/EPA 44cl, 44-45; Thom Lang 60tl; Wayne Lynch/All Canada Photos 59tr, 60crb; Thomas Marent/Visuals Unlimited 76tl (frog), 77c (frog); Joe McDonald 22cb;

Micro Discovery 42bl; Ocean 7ftr, 16clb, 70bl, 80crb; Rod Patterson/Gallo Images 76bl (cobra); Jerome Prevost/TempSport 73bc; Kevin Schafer 77tl (frog); Brian J. Skerry/National Geographic Society 60cl, 60fcrb; Kennan Ward 60cr, 61c; Ron Watts/All Canada Photos 17cb; Jim Zuckerman 16bl. **Dorling Kindersley:** BBC Visual Effects - modelmaker 11br; Mike Linley 3fbl (frog); Natural History Museum, London 3ftl, 11bl, 24c, 24clb, 24cb, 24fclb, 46fcra (african dwarf crocodile egg), 46fcra (indian python egg), 46fcra (nile monitor lizard egg); Oxford University Museum of Natural History 10bl; Jerry Young 3bc (crocodile), 39tl, 46fcra (gila monster), 50-51t, 73tr; David Peart 61cr. **Dreamstime.com:** 3drenderings 66bc. **FLPA:** Ingo Arndt/Minden Pictures 61cl; Michael & Patricia Fogden/Minden Pictures 62cr, 62bl; Thomas Marent/Minden Pictures 30bl, 31bl; Colin Marshall 47cr (red barrel sponge); Mark Moffett/Minden Pictures 47fbl; Cyril Ruoso/Minden Pictures 70cr. **Fotolia:** Dark Vectorangel 76-77 (trophy); Jula 76tl, 76tc, 76tr, 76cl, 76c, 76cr, 76bl, 76bc, 76br, 77tl, 77tc, 77tr, 77cl, 77c, 77cr, 77bl, 77bc, 77br. **Getty Images:** Altrendo Nature 70cl; Apic/Hulton Archive 69tl, 69br; Creativ Studio Heinemann 16cb; Digital Vision 59bc; Digital Vision/Michele Westmorland 77cl (komodo dragon); Flickr/Ricardo Montiel 46crb (sparrow); Gallo Images/Dave Hamman 39br; Iconica/Frans Lemmens 25br; The Image Bank/Art Wolfe 2; The Image Bank/Kaz Mori 73cla; The Image Bank/Mike Severns 23tr; National Geographic/George Grall 20-21; National Geographic/Jason Edwards 31cla, 36-37, 71cr; National Geographic/Tim Laman 63crb, 67; National Geographic/Timothy Laman 64l; Photodisc/D-Base 12bl; Photodisc/Lauren Burke 44l, 45r; Photodisc/Nancy Nehring 76c (iguana); Photographer's Choice/Cristian Baitg 12br; Photographer's Choice/Grant Faint 48-49t; Photographer's Choice/Jeff Hunter 47c (yellow sponge); Photographer's Choice RF/Peter Pinnock 61crb; Photonica/David Trood 1clb; Purestock 41fbr; Robert Harding World Imagery/Gavin Hellier 56c (hat); Oli Scarff 72cla; SSPL 68cla, 68c; Stone/Bob Elsdale 12-13, 23tl; Stone/Keren Su 48ca,

49t (background); Taxi/Nacivet 40-41; Heinrich van den Berg 17ca, 80tl; Visuals Unlimited/Joe McDonald 53cr; Ian Waldie 72cra. **iStockphoto.com:** Brandon Alms 64fbr; craftvision 68tr, 68br, 68fcl; kkgas 68cr (ink), 69tr, 69ftr. **Kellar Autumn Photography:** 34-35. **Thomas Marent:** 32-33, 33br. **naturepl.com:** Miles Barton 77bl (lizard); John Cancalosi 53tr; Claudio Contreras 5tr, 47fcr (turtle); Nick Garbutt 18cr; Tim Laman 65tl, 65r; Fabio Liverani 58tr; Tim MacMillan/John Downer Pr 65l, 66tl; George McCarthy 58br; Pete Oxford 21tr, 56bl, 56br, 57tl, 57bl, 57br; Premaphotos 58bc; Robert Valentic 36br; Dave Watts 58tc. **NHPA/Photoshot:** A.N.T. Photo Library 36tr, 51cl, 51br, 53crb, 62cl; Anthony Bannister 59br; Stephen Dalton 45cr, 64crb; Franco Banfi 77bc (crocodile); Nick Garbutt 76tc (snake); Daniel Heuclin 26-27, 27tr, 30br, 76cl (snake); David Maitland 31br; Mark O'Shea 51c; Oceans-Image/Franco Banfi 47cr (yellow sponge); Haroldo Palo Jr. 59tc; Gerry Pearce 51tc; Jany Sauvanet 31clb. **Photolibrary:** Olivier Grunewald 61fcl; Joe McDonald 74-75; Oxford Scientific (OSF)/Emanuele Biggi 72bc; Oxford Scientific (OSF)/Michael Fogden 64tr; Peter Arnold Images/Kevin Schafer 18c. **PunchStock:** Stockbyte 18ca (frame), 18clb (frame), 19cra (frame), 19cl (frame). **Science Photo Library:** 69cra; Suzanne L. & Joseph T. Collins 17tr; Georgette Douwma 28cl; Dante Fenolio 33tr; Fletcher & Baylis 41fcra; Pascal Goetgheluck 40bl; Alex Kerstitch/Visuals Unlimited 33cr; Edward Kinsman 41cl; Thomas Marent/Visuals Unlimited 30cla, 30clb, 31cra, 31crb; Nature's Images 30crb; Dave Roberts 10c; Sinclair Stammers 30cra; Karl H. Switak 16cr; T-Service 41tl. **Igor Siwanowicz:** 8bl, 42r, 52-53. **Paul Williams/Iron Ammonite** Arkive 49tr. **Brad Wilson, DVM:** Dr. Luis Coloma 56c (frog).

Jacket images: *Front:* **Corbis:** Nikolai Golovanoff c; Sprint cl, cr. *Back:* **Corbis:** DLILLC cl. **Getty Images:** Photonica/David Trood br. *Spine:* **Corbis:** Ocean b. **Getty Images:** Photodisc/Adam Jones t.

All other images © Dorling Kindersley
For further information see:
www.dkimages.com